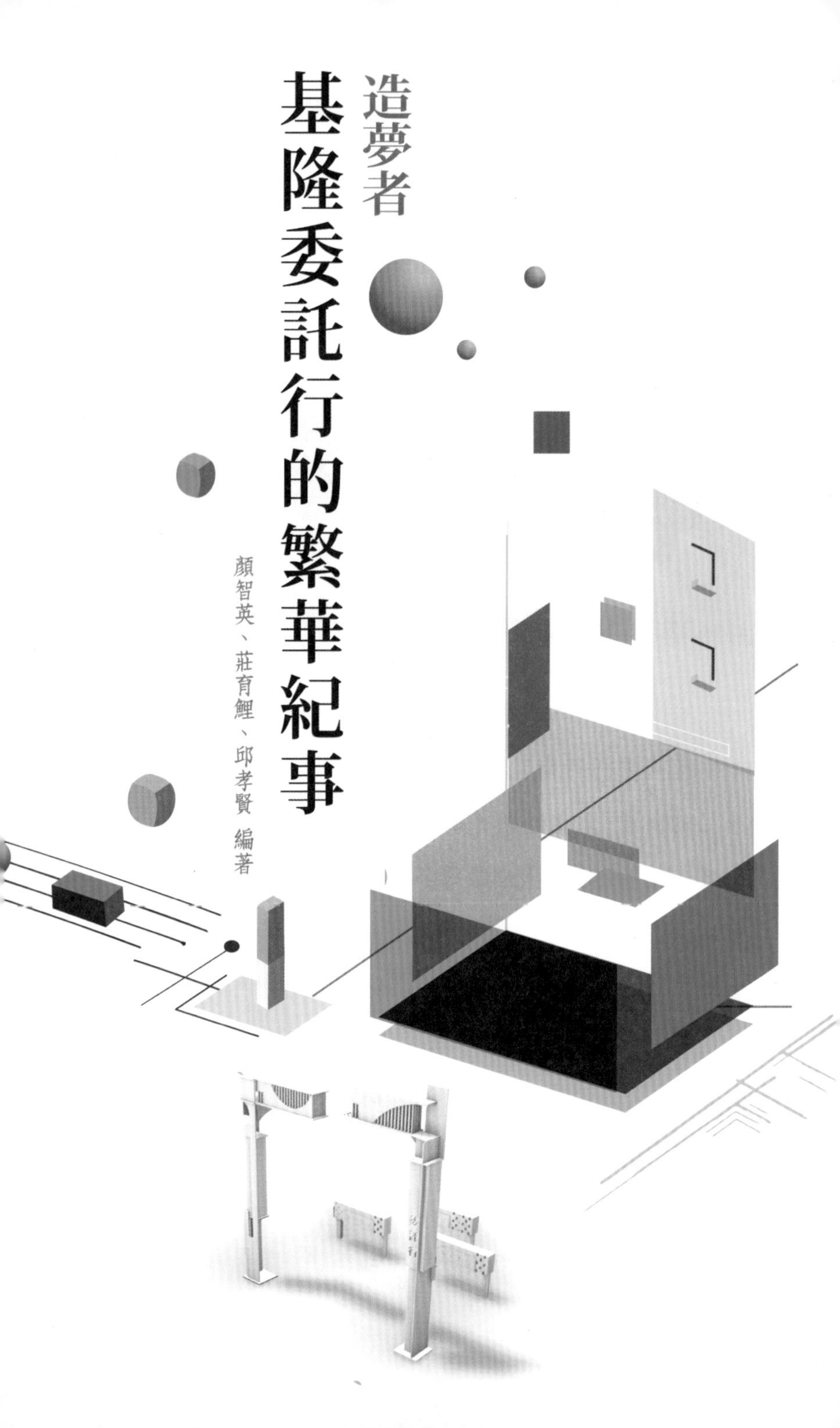

造夢者
基隆委託行的繁華紀事

顏智英、莊育鯉、邱孝賢 編著

計畫主持人序

基隆委託行街區曾經是充滿著來自外國各式舶來品的商圈，全盛時期有高達三百多間委託行店家在營業，從早到晚，人潮絡繹不絕。而今，雖已無法復刻當時的繁華盛景，但「委託行街區股份有限公司」仍致力於發掘「基隆委託行街區」的文化特色，建構委託行獨特的鮮明意象，活絡委託行商圈的商業活動，期許街區能再現全盛時期的商業活絡風貌，並推動基隆市商圈的創新發展。

委託行街區股份有限公司的負責人邱孝賢總經理，秉持將基隆委託行活絡轉型的熱忱，於民國111

年 2 月主動到國立臺灣海洋大學海洋文創設計產業學系尋求合作，簽訂「委託行田野調查研究計畫」產學合作契約，期望透過文創設計系師生的專業與創意，以基隆委託行商圈店家或相關重要人物為田野調查之研究對象，訪談並蒐集、記錄、整理其經營歷史、情感記憶、店家特色與相關資料。

訪談工作比想像中來得費時費力。首先要由邱總經理提供七位訪談的對象，並勞煩林靜瀅小姐協助安排訪談的時間，而我和莊育鯉副教授則要先與協助的學生胡晏禎、廖琳尹討論訪談的問題，分配工作，以及準備攝錄影的相關器材。其實，七位訪談者，只有童子瑋議員是我們認識的，其餘都是素昧平生，訪談前內心總有些忐忑不安，但幸好每次都有邱孝賢總經理先幫我們引薦，又都有林靜瀅小姐全程陪伴，因而總能在愉快和諧的氛圍中順利完成訪談任務。有時，因為個人因素，而不得不取消訪談、改約時間，也十分感謝邱經理、林小姐的配合、包容與體諒。每一個訪談任務結束後，還必須花不少時間就筆記及錄音整理內容，挑選適合的照片，以製成完整的訪談文字紀錄檔。有時，對於一些不太確定的內容，我和莊育鯉副教授還要再跑一趟委託行，向受訪者再次確認。文字紀錄，還必須給每位受訪者修改、確認內容。這些繁瑣而辛苦的過程，實不足為外人道；但每次訪談結束後，我們的心靈卻是充實而振奮的。因為，我們充分感受到受訪者對委託行、仁愛商圈及基隆的熱情與殷殷企盼，從他們的言談中也領略到他們對專業的全心投入與個人獨特的生命哲學，可謂收穫滿滿，不虛此行。

雖然，本產學合作計畫的契約中並未載明要將計畫成果出版，但我和莊育鯉副教授、邱孝賢總經理卻一致認為這些得來不易的訪談內容，可以建構委託行意象的參考文獻，以作為發展委託行街區的會話資本，十分值得用出版的方式加以保存與流傳。於是，我們以「造夢者——基隆委託行的繁華紀事」作為書名，用意即在仔細紀錄下來「同風里里長戴學禮、富順行老闆楊榮昌、慶安宮多屆主委童永、億信男飾老闆吳振宏、建興服飾老闆邴一德、崁仔頂聯誼會會長彭瑞祺、基隆市議會議長童子瑋」等七位的夢想，以及築夢、圓夢的過程。本書最大的特

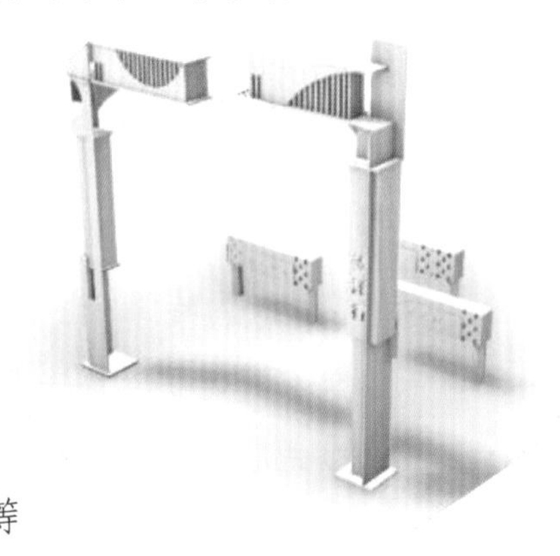

色，即在於具體展現了他們對生命與事業的奮鬥過程，以及對委託行的深刻情感與願景描述。不僅極具鼓舞人心的力量，也能提供有意發展委託行者珍貴的訊息與建議。

作為「委託行田野調查研究計畫」的主持人，在此我要感謝計畫團隊成員們的辛勤付出：莊育鯉副教授協助訪談、全書排版與主要插畫，許瑛玳助教協助行政事務，胡晏禎與廖琳尹同學協助整理訪談資料與書中部分插畫，范文嘉與陳揚銘同學協助委託行街區意象設計等。同時，還要感謝基隆市議會童子瑋議長對委託行田野調查計畫的重視與支持，「委託行街區股份有限公司」邱孝賢總經理及其同仁們對本計畫執行的配合與支援，七位受訪者的傾囊相授，以及孫立君里長的熱心聯繫。期待本書的付梓，能對基隆委託行的文化、觀光與街區發展有所助益。讓我們一起努力讓委託行轉型的夢想起飛，並且再造成功。

國立臺灣海洋大學教授

民國 112 年 12 月 31 日

計畫主持人序　顏智英 ……………………………II

壹　繁華夢

一　委託行的華麗轉身　顏智英 ……………………4
二　委託行的繁華與滄桑　顏智英、莊育鯉 ………6
三　委託行的翻轉引擎　邱孝賢 ……………………18
四　委託行的文創花園　莊育鯉、顏智英 …………22

貳　造夢者

一　委託行的活歷史
——同風里里長：戴學禮 ……………………………30
二　白手起家的青年
——富順行老闆：楊榮昌 ……………………………38
三　風起雲湧的貿易商人
——慶安宮多屆主委：童　永 ………………………46
四　克紹箕裘、子承父業
——億信男飾老闆：吳振宏 …………………………54
五　義大利男飾的精品代理商
——建興服飾老闆：邴一德 …………………………64
六　崁仔頂的靈魂人物
——崁仔頂聯誼會會長：彭瑞祺 ……………………74
七　夢想起飛、委託行再造的推手
——基隆市議會議長：童子瑋 ………………………86

繁華夢

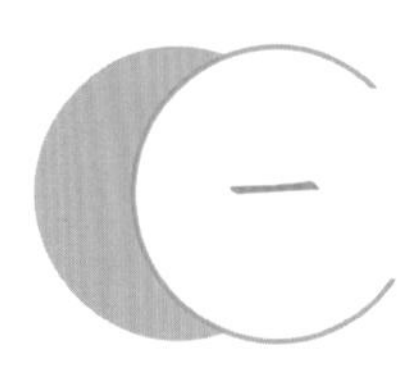

一 委託行的華麗轉身

文／顏智英

古樸幽雅的小閣樓

晶瑩剔透的落地窗

彼此讀著對方眼裡的　期盼

共同憶著孝一路七十年前的　繁華

昔日商圈　是流行比拼的競技場

美國水手越洋攜來的手錶

基隆仕紳鍾情的菸斗、西裝

美艷少婦追逐的香水、資生堂

鬧鬧嚷嚷　競相宣稱自己是　舶來品之冠

而今　亭亭的拱門　看盡基隆港的潮起潮落

漸漸地

刈包來了　異國餐飲來了

市集來了　劇團來了

媒體來了　人潮來了

「委託行」街區　行將　華麗轉身

二 委託行的繁華與滄桑

文／顏智英、莊育鯉

一 興起

（一）原因

民國38年（1949）國民政府播遷來臺初期，物質缺乏、百廢待舉；又因兩岸情勢緊張，政府對外貿易與交流嚴格管制。然而，臺灣為一海島，在國內物資的渴求下，透過船隻航行國內外和進出港口的機會，提供了島內所需的「舶來品」，船員「委託」舶來品寄賣，甚至參與走私，此種鋪貨物流的所在即是俗稱的「委託行」。當時的基隆港為全臺第一大港，有與東北亞、香港和歐美連結的密集航線，又鄰近政治中心臺北，因而成為「舶來品」的重要登陸港口。而後，韓戰與越戰的爆發，加劇了對外國物資的需求，更推動了基隆「委託行」的迅速發展。

（二）位置與分布

▲ 委託行商圈昔今分布區域圖

民國 38-49 年（1949-1960）委託行主要分布區域

主要分布於忠一路、愛一路、孝三路及忠三路所圍成的四方形區域（藍色虛線區域）

（蔣雅君，2023，戰後基隆委託行空間文化形式之研究，頁 76）

民國 112 年（2023）委託行主要分布區域

主要分布於孝二路（騎樓空間）及孝二路、忠四路、孝一路、忠三路所圍成之區域（橘色區域）

二　發展

（一）小攤販（民國35-38年，1946-1949）

委託行初創於民國35年（1946），在高砂公園頂（舊時的主普壇）一帶，以擺地攤或帆布搭蓋的臨時小攤，販賣被遣返日本人未帶走的家具、用品，攤數不多，不對外公開，只做熟客買賣。

（二）估衣巷（民國38-40年，1949-1951）

美日軍人使用過的舊衣，俗稱「估衣」，因海關管制，船員不能將衣物帶下船，船員們只好將之穿在自己身上、圓鼓鼓地下船，再轉賣給基隆商人，商人剛開始以磅秤秤重的方式收購，後來改為論件收購，形成「船員賣，委託行收，顧客買」的估衣生意鏈模式。這些商人多為民國38年（1949）隨國民政府遷臺的外省人，最初在基隆仁愛區孝一路23巷內搭棚擺攤以進行交易，政府立案之合法攤位有20家，並定名為「第一攤販區」，小規模地由船員帶舊衣貨回臺，商品皆屬日本與美軍物資的二手貨。

（三）店面（民國40-68年，1951-1979）

民國39年（1950）韓戰爆發，民國40年（1951）起，委託行開始有店面經營模式，進入公開營業階段。起初多租賃一樓店面營業，而後生意日益興隆，有能力購買一、二樓，形成一樓當店家，二樓作為住家的獨特空間景觀。因臺灣仍實施經濟管制與觀光限制，但經濟已快速成長，國人生活需求日益提高，對海外的嚮往亦益發強烈；臺灣在韓戰、越戰中又扮演著美軍補給站之一的角色，船隻進出頻繁。因應這樣的時代趨勢，專門銷售舶來品的委託行，店面數量便逐漸增多。尤其是越戰爆發的民國 50 年（1961）起，委託行進入鼎盛期，因物品成本低、利潤大、銷貨快，店家蓬勃湧現，數量直達數百間之多，主要分布於忠一路、孝二路兩邊沿街，忠四路及孝一路所圍成的四方形區域。

船員以賣斷或寄賣的方式將舶來品交予店家銷售，前者以喊價方式進行，後者費時較久。而後，更逐漸發展出每一、二個月出國至固定國家、城市或地區選購商品再帶回國銷售賺取差價的「跑單幫」方式。委託行所販賣的商品皆為海外進口的商品，由於貨源不穩定、數量稀少、尺碼不多，但因物品形形色色、細緻奇巧、精美的異國風，商品的價值緊密結合到當時西方高層次生活的奢華意象，如同走在當時流行前端的一個符號象徵。委託行販賣的商品多走精緻高價位路線，消費對象多以社會地位較高、具有高經濟能力與生活水平較好的中產階級家庭為主。

1970 年代臺灣經濟快速起飛，新價值消費的觀念逐漸在委託行的交易中成形，民眾的生活與消費型態逐漸由生產活動轉變為消費活動的追求，舶來品的需求已由商品外在的機能象徵，遷移轉變至商品所呈現出內涵的符號價值，亦即舶來品其商品符號化背後所隱藏的象徵內涵與價值。

三 沒落

民國 68 年（1979）起，政府開放國民海外觀光，民眾可以自由攜帶國外物品，而後進出口代理商、百貨商場的逐漸興起，國外低價貨品的陸續引進，網路購物平臺的出現，導致基隆仁愛區盛極一時的委託行商圈，逐漸失去商品獨特性的特色，昔日熱鬧喧嘩的街道也漸漸褪去舊時的光環，原本民國 75 年（1986）時仁愛區有 176 個店家，到民國 85 年（1996）時尚有 105 家，至民國 103 年（2014）時僅剩 31 家，委託行商圈已然冷清、沒落，如今僅剩 20 幾個店家，營業時間也僅只在下午一、兩點開門，下午五、六點就關門了。

委託行從萌芽到最繁華的年代，一直都是基隆街道的重要光景，亦曾是國內享有盛譽的商圈，風光一時。可惜，海外觀光的開放、物品的多管道輸入與商業模式的轉變，使得原本人潮鼎沸的委託行進入了沒落期，昔日過往的繁華成了特定歷史時期文化、社會的記憶片段，令人備感滄桑與淒涼。

四　轉型

街道的地方空間不僅是當時人、物體與事件的表徵，亦是歷史過程的解構，因此，在致力於委託行轉型的努力時，不只可以將其繁盛時的商業行為、價值觀念與生活等模式，描繪在街道的空間上；同時，還可以掌握其「新奇」、「高雅」的核心精神與價值，創造出專屬於委託行的空間環境氛圍與人類行為活動。雖然自 1980 年代臺灣開放國人出國觀光以來，大量國外商品的進入，新經濟模式時代的衝擊，使得委託行逐漸失去曾經的重要優勢，當年繁華的景象已不復存在，但在基隆本身富含海洋文化與特定歷史脈絡的意義下，我們仍可善用委託行仍具有的優勢與機會，賦予委託行區域的景觀更深層的意義，協助其成功轉型。

透過委託行相關文獻的探討、一些店家的訪談，以及實地的走訪考察，基隆仁愛區委託行 SWOT 分析如下：

優勢（Strength）

1. 委託行街區位於環港商圈內，鄰近火車站、客運站、港口及高速公路，交通便利。
2. 現今委託行店家分布位置集中（公園頂區域），空間規劃上可以小型的街區基地經營，較可有效利用。
3. 委託行街區內為棋盤式巷弄空間，上方有頂棚遮蔽，在多雨的基隆，購物逛街及活動舉辦較不易受天氣影響。
4. 部分委託行的創業者仍在街區內營業，對委託行街區的發展歷史有深度的瞭解，可為外來遊客進行導覽服務。
5. 近年委託行街區內因具特色及網路知名度的新店家進駐，朝向多元化產業發展，逐漸為年輕族群廣知，為舊街區帶來新活力及知名度。
6. 因委託行街區內的業種改變，可利用新舊產業並存

（創新與復古兼融）特色，改變街區內的商品結構和加值服務來創造差異化，創造具委託行街區魅力與個性的自有品牌商品，發展委託行街區的獨有魅力。

劣勢（Weakness）

1. 原有委託行經營者高齡化，缺乏後繼接班人，街區內大多數店面為休、歇業的狀況，導致店面空置率提高。
2. 因店面空置率增加，使得具有集客力的魅力商店減少、且街區內缺乏多樣化的業種，商店欠缺整合，加速基隆委託行街區的衰退。
3. 因多數商店歇業，環境缺乏維護且光線昏暗，使街區街景更顯蕭條，且街區缺乏整體意象呈現，造成景觀視覺不佳，街區的視覺意象品質低落。
4. 由於街區周圍缺乏有效的導覽指標與服務，無法提供外來遊客辨識、指引方向及諮詢等功能，造成外來遊客尋路困難的問題。
5. 網路電商平臺興起，國外代運、代購方便、選擇性多樣化，委託行街區的商品不再具有原先的優勢。

機會（Opportunity）

1. 為基隆市 109-112 年度中程施政計畫重點商圈之一，可藉由市府的協助與支援，進行商圈的整合及活化。
2. 藉由民國 110 年（2021）基隆城市設計博覽會的舉辦，進行委託行街區的整體規劃，支援新的創業活動，發展具街區特色的多元化創意商品及服務，增加遊客的停留時間，提升能見度和關注度。
3. 基隆港可停靠 16 萬噸以上的大型郵輪作為觀光郵輪母港，近年因熱門新興旅遊模式「郵輪旅遊」帶來許多外國遊客人潮，且基隆港位置深入市區，遊客下船後可以直接進入市中心，為郵輪港群中罕見的優勢。
4. 郵輪的觀光效益約 22 億臺幣以上（基隆市政府，2018），委託行街區周邊有基隆城隍廟、慶安宮、林開郡洋樓、牛仔街、崁仔頂漁市等景點，可整合周邊各景點特色，規劃具老街區文化特色的主題旅遊行程，吸引郵輪遊客。
5. 可藉由城市設計博覽會舉辦的機會，規劃委託行街區的導覽服務系統，結合指標與導覽服務，有效整合委託行街區的導覽與觀光資訊，優化遊客的尋路體驗，提升服務品質。

6. 商店空間利用、環境氛圍、可實際接觸的五感體驗等大於線上購物。街區可利用適切的服務設計規劃與消費者建立連結（如 IKEA 透過賣場展示提供布置、裝修的靈感；誠品書店提供優質的閱讀環境體驗），吸引人潮回流。
7. 搭配 O To O （線上至線下商務模式，Online to Offline）虛實通路整合之商業模式，提供便利、即時性服務，吸引年輕族群進入委託行街區，並擴大特色商品購買通路。

威脅（Threat）

1. 因百貨公司、連鎖超市、量販店及大賣場的開業，商場內國內外精品品牌商品選擇多、購物選擇性多元化，使委託行街區的商品優勢不再。
2. 因網路便利、電商平臺興盛，消費習慣逐漸由實體商店轉為線上購物，造成實體通路購物比例下降。
3. 基隆屬高降雨區域，多雨及冬季東北季風影響，使城市活動受到限制。

以上 SWOT 分析的內容，或可作為有志於委託行轉型者在規劃決策時的參考。期盼在政府與民間共同努力之下，基隆委託行能翻轉其滄桑的景況，重現昔日的繁華，再度成為基隆的一道最美麗的風景。

三 委託行的翻轉引擎

文 / 邱孝賢
（委託行街區股份有限公司總經理）

委託行街區股份有限公司自民國 109 年（2020）6 月成立，致力於發揚委託行的文化發展，但在公司成立之初團隊欠缺設計人才，在鹿格創意老闆——曾詩堡（堡哥）的引薦之下，認識了時任國立臺灣海洋大學海洋文創設計產業學士學位學程（系）系主任的顏智英教授及莊育鯉副教授，特此到學校拜訪並尋求與系上合作以彌補自身的不足。

在拜訪的過程中，和顏主任與莊老師相談甚歡，一直不斷地激盪想法，當下便有了幾個具體的合作方向，分別是：1. 老師帶著學生認識委託行及街區，並以委託行為題材進行商品設計；2. 推薦優秀的學生到委託行實習；3. 協助委託行街區進行訪談及田野調查。在這共識下，我們也立即簽訂產學合作，並展開相關動作。

莊老師馬上把委託行融入在設計課程中，不僅親自帶著學生來委託行街區認識委託行之外，也指導學生以委託行及街區特色進行商品設計，在學生的成果展上看到學生的作品時，發現學生有許多很棒的創意發想，非常有設計感，這也啟發了我們公司在設計面的發想。

而顏主任也親自採訪了包括慶安宮榮譽主委——童永、基隆市議長——童子瑋、同風里里長——戴學禮及崁仔頂魚行聯誼會會長——彭瑞祺等，透過深入的訪談，了解在這些地方仕紳記憶中的委託行過往與值得人們津津樂道的故事。

因為委託行過去的時代背景，雖然很多人有興趣，但是在地的店家卻很少願意談論它，甚至不希望留下任何的影像紀錄。因此，此次非常開心在顏主任及莊老師的努力之下，能夠將這些訪談紀錄進行整理且將其撰寫成書，這樣才能讓在民國 40 年至 80 年間，特殊的委託行產業，留下具體且可讓人閱讀的實體資料，這對於致力於保留委託行文化的我們而言，無非是一珍貴的寶物。

最後，還是再次感謝兩位老師，在疫情期間陪伴著委託行街區走過發展初期最艱苦的時光，希望這本書能夠讓長輩們回憶起當年青春年華，讓年輕人能夠想像當年委託行的繁華歲月，最後能夠引領讀者親自走一趟委託行街區，讓委託行文化可以傳遞下去。

四 委託行的文創花園

指導 / 莊育鯉、顏智英

一 委託行街區的意象形塑

（一）入口意象

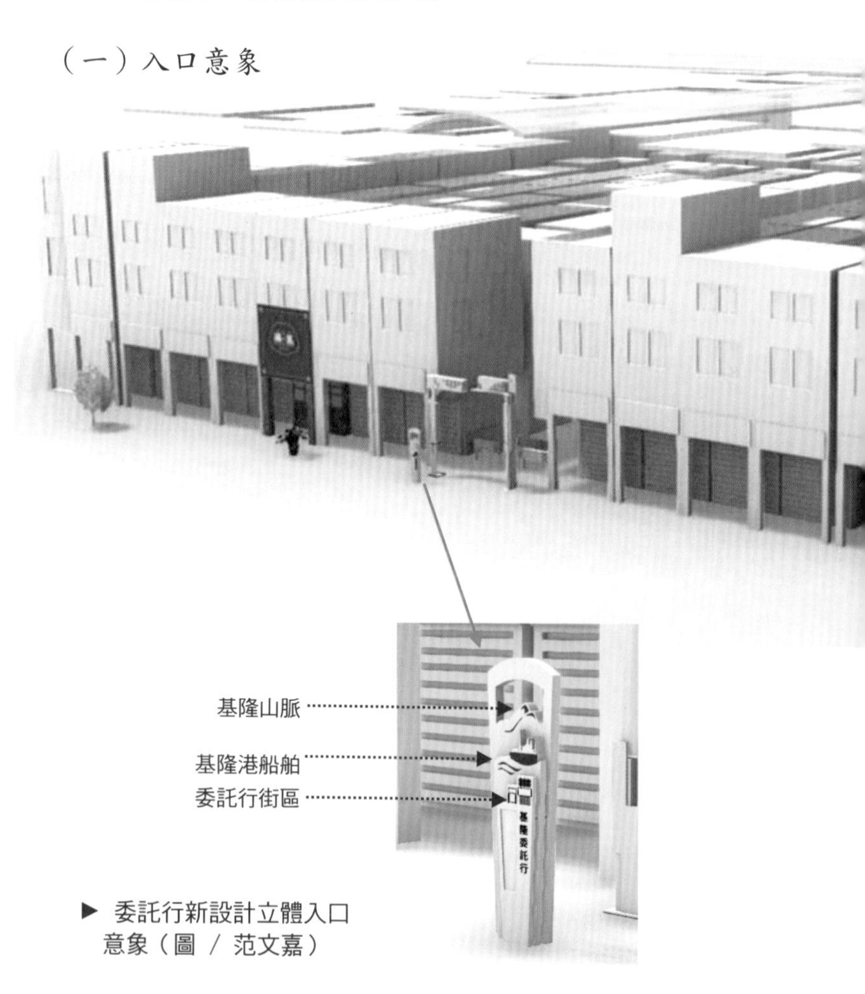

▶ 委託行新設計立體入口意象（圖 / 范文嘉）

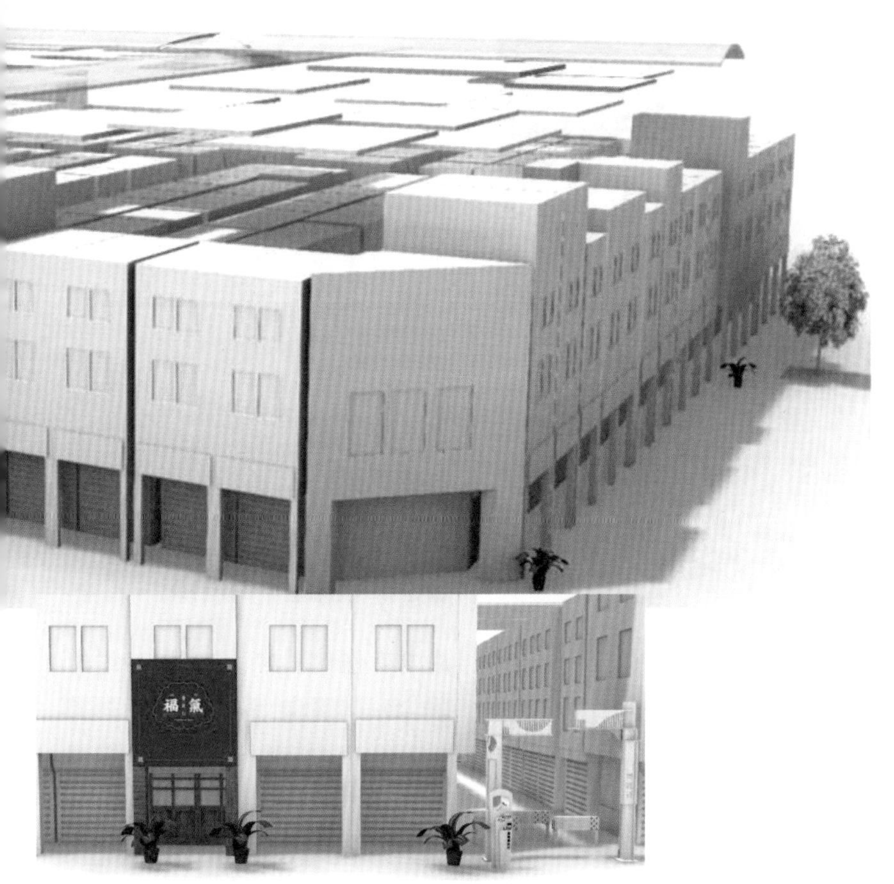

▲ 委託行街區意象（圖 / 陳揚銘）

（二）歷史人文意象

圖文 / 范文嘉

基隆港

軍艦、商船煤炭的煙是
繁華的序曲
舶來品的刺激
舞蹈出興盛的年代
翠綠山巒守護的港呀
仍傳唱著他未完的故事

記憶串聯

承載往昔的璀璨
異國文化深根
成為基隆的日常
於陳年雨痕中
醞出動人的記憶

雨都基隆

天降甘霖的恩惠

虔誠香火於細雨綿延中

飄散中飄散

歷史印記遺留於此

是動人回憶？抑或疤痕？

雨中的故事

等待著與人的邂逅

未完待續……

二　委託行的文創商品

（一）側背袋、保溫瓶

圖 / 胡晏禎

（二）杯墊、磁鐵

圖／郭宜蓁

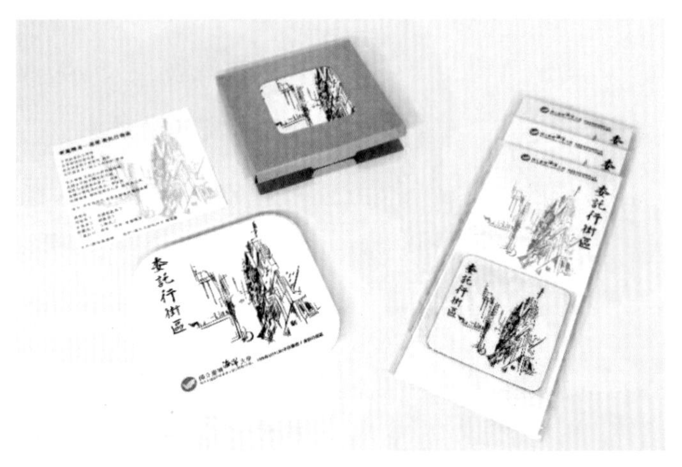

造夢者

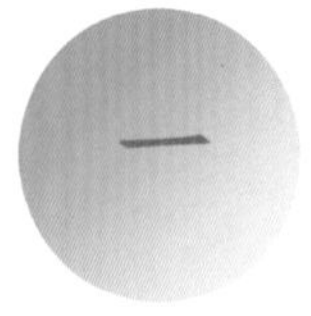

一 委託行的活歷史
——同風里里長：戴學禮

永遠的行動派，盡心盡力做好每一件事

高砂公園上的商場，產權複雜卻和諧相處的移民

戴學禮先生，是同風里的里長，對委託行的歷史十分嫻熟。他說「委託行」的名稱源自於中國，因為中國沿海有許多港口，如：上海、青島等，皆有很多「委託行」商家，這個名稱也就隨著移民渡海來臺。而基隆委託行形成於二戰結束後，在高砂公園一帶，政府為安置逃難到臺灣的移民，用公家土地蓋一些商

店，從孝二路到孝一路、忠四路……，每個店鋪約莫 3.5 坪到 4.5 坪大小。戴里長道：「目前承租、私有皆有，產權極為複雜，有的只有地上權，有的還有土地權，有的擁有部分土地權……。」商場建好後，也吸引了中國各省、臺灣中部及基隆本地的人到來，彼此間相處融洽、沒有省籍的隔閡。

▲ 產權複雜的委託行店面

從「委託寄賣」的經營模式開始

戴里長提及，最早的時候船員會將貨物帶來，並有些類似「寄賣」的概念，店家不買斷，給個小憑據，賣出後再抽取利潤。舉例來說，像是：特別的舊咖啡壺、舊小腳踏車、舊冰箱等，不一定有把握可賣出，所以不買斷。不過後來帶進新品或香港和日本的熱門

商品（如：香港的中國土貨，日本香蕉船的香皂、巧克力等日常用品），就搶著買斷了，比較沒有原來「委託」的意義。但隨著大環境的變化，基隆港開始蕭條、松山機場被桃園機場取代，加上民國68年（1979）開放國人觀光等，委託行、報關行、託運行等皆受到極大影響，漸漸走上沒落的命運。

美援二手貨與母親的縫紉機

戴里長自家開設的店鋪經營了六十多年，早期有兩個店面，約民國40、50年起，長達十年以上。一個店面販售美國士兵與水手船員帶來的美援二手貨，另一個店面則是由母親用縫紉機做學生製服，小學至高中的都有。家中生意好時，甚至在客廳放置四臺縫紉機趕工，三名工人加上母親的工作景象，好不熱鬧。「母親的手藝很好，還會將美國舊的毛呢大衣翻改成新大衣，將美國的麪粉袋拆改成內褲呢！」戴里長得意地說道。

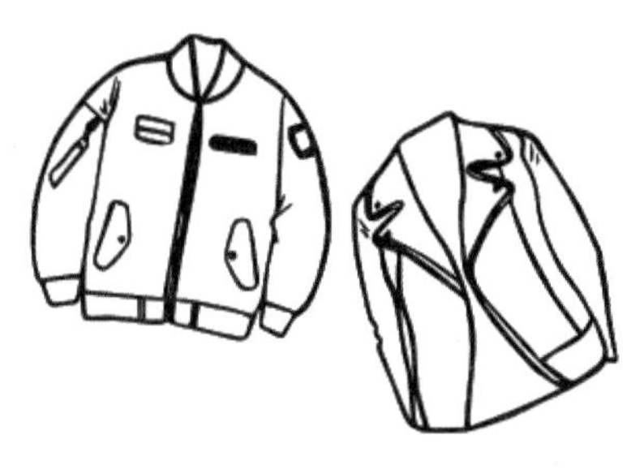

後來，船員私下帶來的貨品改為香港、日本等地的新品或熱門商品。戴里長憶及在他小學五年級時，經常到東碼頭6、8、14、16、31號等待日本船的貨，因為那時候只有這幾個地方會有商船卸貨。「在押車回來的路上也總是小心翼翼，深恐貨物會出差錯！」如今回想起來，他心頭仍覺得洶湧澎湃、十分緊張刺激。接著，越戰爆發，我們這時也有賣美軍物資，只是這個時期較為短暫，大約從民國50-64年（1961-1975），直至美軍從越南離開，戴里長說：「當時採取薄利多銷制，只要有賺就賣！像晴光市場、萬華、桃園大廟、新竹等地的店家，甚至全臺各縣市的店家，都來這裡取貨呢！」

當時店門外的走道，也都是攤販，大部分是山東老兵，大家相處得很好。家裡總是會有很多不同國家的東

西，「那個年紀可以從小吃到許多外國零食，又分給其他小朋友吃，其實還蠻得意的！」戴里長開心地說道。

兄弟攜手，韓國跑單幫的歲月

戴里長軍中退伍後，與朋友一起到韓國跑單幫。約民國 70 年起，持續十年左右。帶回的商品，主要有毛毯及禦寒的夾克、床罩組及冬菇等。雖然韓國的毛毯不是天然材質，品質不太好，但因為新奇，仍然極受臺灣人的歡迎。

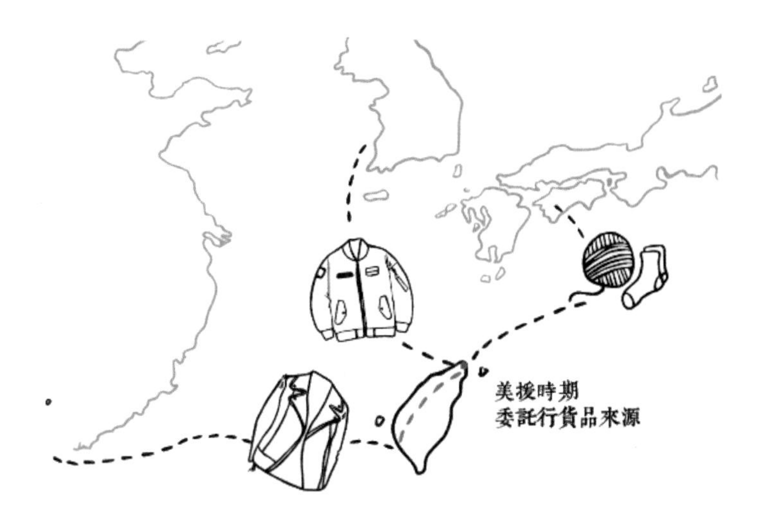

流行與時髦，是委託行的核心精神

目前委託行碰上許多限制，像是店面小、房屋也多為私有，需要第一代老闆同意改變，而商場的配置缺乏廁所，電線亦有老舊的問題，在保留委託行的核心精神——「流行、時髦」的前提下，如何活化委託行，再加以重新包裝是很重要的。倘若能多元化發展，例如：招不同店家入駐；並能跟著社會脈動更新市場內容，例如：發展與基隆港、海洋大學有關的商品；同時，想辦法吸引更多年輕人加入改善行列，讓在地店家對於目前在街區努力辦市集者，能由諒解而認同而主動參與，相信委託行一定可以吸引人潮，從而引進更多錢潮，讓我們「一起讓基隆變得更好吧！」戴里長對委託行的未來發展寄予無限希望。

民國 111 年 4 月 15 日訪談

▼ 戴里長的期望——流行與時髦的委託行

▲與邱孝賢總經理一同訪談戴里長

二 白手起家的青年
——富順行老闆：楊榮昌

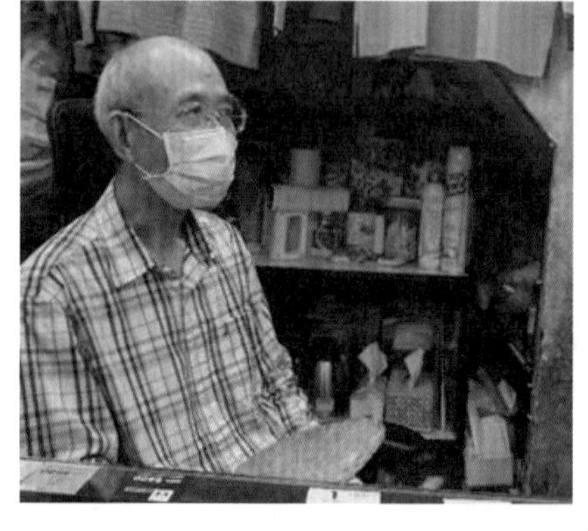

一輩子的堅持，服務老主顧

一步一腳印，從賣貨開始學起

楊榮昌老闆經營富順行已經有五十多個年頭，從十七歲起，就在高雄學習賣舶來品，常至高雄港接香港貨來販售；十九歲開始在新營開零售店；到了二十三歲，當兵回來，白天在大理石工廠加工，晚上幫家顧店，年紀輕輕的他就已經學會開闢別的賺錢管道。

廿八歲時，楊老闆結婚，至基隆開富順行，開始了批發的工作。富順行是楊榮昌夫妻一起經營的事業，為避免經營上不必要的困擾，楊老闆沒有聘請其他的員工，這是他對妻子的體貼。楊老闆非常愛他的妻子，在忙碌的工作之餘，總會幫忙妻子照顧兩個孩子。

他的岳父也有在委託行開店，店面就在童子瑋議員服務處的隔壁兩間，但楊老闆與妻子仍一步一腳印，自食其力。楊老闆回憶起當時委託行的環境：「巷弄裡有許多老兵開店，巷弄不大，分成一小間、一小間的，以福州、山東人居多，也因為位置狹窄的關係，難免發生溝通不良的事件。」不過，大多數的時候，大家還算能和平相處，畢竟和氣才能生財嘛。

▼ 楊老闆委託行現今店面

經營皮製特色商品，親至海外挑貨取貨

富順行一開始只賣日用品，主要是香港的日用百貨及皮衣、皮褲，以及歐洲的毛衣、皮衣，其中香港的皮衣在當時賣的人很少，就順勢成為了富順行的特色商品，當時最好賣的商品是襪子和手帕，因為單價低，吸引許多人來富順行消費。

在開放觀光（民國 68 年）前，富順行的主要貨源是香港，來自香港的船員把貨物帶到高雄港，楊榮昌會親自下去挑貨，再寄上來基隆。若是千里迢迢直接飛去香港買貨，每樣最多只能帶六件。

日本地區，例如東京、大阪、神戶等地的貨品，會先寄到琉球，楊老闆再搭飛機到那邊取貨，最後帶著貨品搭船回到基隆，楊榮昌提到，必須要有公司營業執照才能出國。富順行在日本的交易持續了大約七、八年，商品內容主要是女性的毛衣、大衣和內衣等。

越戰後的韓國也是楊榮昌老闆的貨源之一，商品內容主要是美軍的二手衣和鞋襪，量大又便宜，尤其是飛行夾克在當時特別受歡迎。

在政府開放觀光後，楊老闆就沒再出國買貨了。但是，直到現在他仍然堅持每天開店，即使一週中有五天都不會有客人上門。唯一讓楊榮昌堅持開店的原因是：偶爾還會來串門子的老客戶。這是他一輩子的堅持，也是他對老主顧的服務精神。

▲ 當時楊老闆店面商品

生意人以客為尊，盡力滿足客戶的需求

楊榮昌在接受採訪時特別提到：「生意人以客為尊，客人問什麼，我就會拼命去找。」可以看出他對做生意的執著與敬業的態度，即使如此，依然有一些客人是不能和他們做生意的。當時，委託行的舶來品對臺灣加工業的影響很大，加工廠就會有人來店裡買舶來品，對此楊老闆也傳授我們辨識的方法，若是問「多少錢？」就是加工廠的人，楊老闆會拒絕出售；問「安哪拆？」才是批發商的專業術語，是可以出售的對象。

在富順行營業的五十多年間，也有遇到許多特別的客人，楊老闆回憶道：「有專門來擦手的人，進店裡只摸衣角，一看就知道不是來買東西的；也有警察帶犯人來買換洗衣物的；甚至偶爾會遇見酒家女帶水手們來店裡，請他們買衣服送她們；還有「牽勾仔」（居中牽線的仲介）會帶外國人來買衣服；更有人會託店家給水手帶信到國外。」在街區最興盛的時候，中元節店家們還會聯合辦桌，每次都有約五、六十桌流水席，十分壯觀熱鬧，由此可見當時委託行的繁榮程度。

▲ 當時楊老闆店面商品意象

捷運接軌雙北，吸引人潮湧入

對於未來，楊老闆希望能讓更多人潮進來基隆，因此交通的建設，如興建捷運來跟雙北（臺北、新北）接軌就很重要。另外，因為現今很多老商家都自住，不想把店面租人，導致新店家進駐不易，也是待解決的一大難題。至於公共廁所，更是必須優先解決的課題。

民國 111 年 5 月 20 日訪談

▼ 楊老闆的期望——捷運接軌雙北，吸引人潮湧入，再現委託行新風貌

◄▼ 訪談楊老闆

三 風起雲湧的貿易商人
——慶安宮多屆主委：童永

眼光獨到、慷慨熱情的長青樹

學習貿易，培養經商能力

童永在民國34年（1945）來到基隆，本來要當兵，但因為體檢不合格，改為做後勤。為了賺錢，不用當兵的童永就跟著當時半官選的議員學做貿易。他告訴我們，那時候的糧食和糖都是先從中國一次進口約十萬個空布袋，再利用仙洞鐵路把布袋運至新營、南部等糧食產地，讓人裝入糧食和糖，再運回基隆，接著賣回中國去。

嗅出商機，奮力抗爭通訊門號

在二十幾歲時與議員的女兒結婚後，童永就獨立出來開始自己經商，店面在愛三路 13 號。經營的項目有：電器用品、有牌照的菸酒、電話交換機等。其中，酒專門賣給酒家和日本料理店。電話，比較有名的如日本品牌 IWATSU 的手轉式電話。當時手機號碼的數量很稀少，大多掌握在少數有權勢者手中，於是童永就跑到交通部去向劉兆玄、毛治國等人抗爭，請交通部釋放更多門號出來，否則只是空有機子，無法進行交易，經過一段時間的努力抗爭後，才終於成功爭取門號的釋放。童永，可以說是當代手機通訊自由的最大功臣。

為了蒐集更多通訊資料，童永經常去當時通訊業較發達的國家，如日本、新加坡等，再將所獲賣給地方法院等政府機關。直到退休前，他都持續販售通訊相關的產品，幾乎囊括了所有的品牌。

長壽的秘訣：不計較的人生哲學

童永有六個兒子，兩個女兒。退休後，孩子大了，老伴也走了，索性到慶安宮做虔誠的信徒；而後擔任建設組組長；民國 85 年（1996）起，擔任慶安宮主委至今。現年九十五歲的童永，說起話來仍中氣十足，精神矍鑠。請教他長壽健康的秘訣，他笑笑說：「凡事不計較。記得，贏就是輸，輸就是贏啊！呵呵！」其實，這句話，看似容易，做起來卻不簡單。童永以其一生長期的實踐，印證了這個人生智慧。

▲ 童永擔任多屆慶安宮主委

回憶過去，琳瑯滿目的委託行街景

童永回憶起當時的委託行：「十分熱鬧，到處都是來自日本和香港的貨。除了琳瑯滿目的舶來品店之外，茶店、酒吧也處處林立，因此吸引了全臺各地的人來此地購買、消費。」從南部上來「掛貨」的商販，通常穿著比較俗氣，住「番仔間」(簡陋的住店)，與之相比，基隆的商販就時髦許多。同時，臺中以北，鹿港、大甲的人也會特地來此消費，甚至，連花蓮的人都會千里迢迢地來這裡買舶來品。還有，金、煤礦工和漁夫們也會來此消費，不惜借錢也要來這裡花呢！可惜，開放觀光後，委託行生意就開始一落千丈。

童永對委託行的印象，除了上述繁華吸睛的熱鬧街景外，也有一些負面的形象，例如：很多人用美軍援助的麪粉袋做成內褲，反映了當時臺灣民間的窮困景象；美軍酒吧，則吸引了全省想賺快錢的女孩來此工作；還有為了防止警察抓到而一次穿四十、五十件內褲的走私情況，在當時，海關的高稅收是造就走私行為如此猖狂的主因。

▲ 童主委記憶中委託行的盛況

委託行與崁仔頂，充滿奇珍異寶

童永的故鄉在萬里，慷慨大方的他常常到委託行買東西回去送給故鄉的人，他很喜歡挑選比較稀罕的商品，其中的類別很多，包攬了整個食衣住行各面向的東西。

除了委託行外，他也常常順路去崁仔頂選購禮品。童永告訴我們，委託行與崁仔頂在當時的關係很密切，在崁仔頂買完魚的客人，通常都會順路去委託行買東西，反之亦然。崁仔頂營業有兩個時間，一個是在半夜喊價的、現撈的；另一個則是在正常營業時間。因此，平時到崁仔頂也可以買到漁獲。委託行與崁仔頂的商品，對童永而言，都是奇異而珍貴的寶物。

▲ 童主委拿著委託行的舶來品

開發特色、多元商品，吸引外來客

對於委託行的未來，「雖然經營者有熱情，但依舊不容易做起來。」童永婉惜地說。因為網路的發達，舶來品已經不需要特地跑到委託行購買，且委託行目前沒有什麼特別的商店能吸引顧客前來。

「要有吃閣有掠！」童永下結論道。招商賣的東西要有特色，吃的要有多種選擇，像廟口一樣，這樣才能成功地吸引外來的客人。不過，「（童）子瑋很有熱情，這樣很好，目前委託行有好一些了。」童永對於愛孫持續在委託行的努力，充滿了信心。

民國 111 年 6 月 17 日訪談

▼ 童主委的期望——具有委託行特色、多元商品，吸引外來客的委託行街區

▲ 訪談童主委

四 克紹箕裘、子承父業
——億信男飾老闆：吳振宏

始終如一，走過委託行的風光與沒落

人流、金流匯聚，輝煌的經營歷史

億信男飾，創自吳振宏老闆的父親之手，剛開始的店面只有現在的三分之一。吳老闆的父親原先為計程車司機，後從事百貨店的經營，因經營有道與銷售順利，民國 70 年創立億信委託行。而早年因鄰近基隆港口的地緣關係，店裡的服飾皆由船員從日本帶回來、穿在身上給老闆的父親挑，老闆的父親極注重服飾的品質，不會購入便宜貨，常要求船員：「再帶好一點的過來！」

▲ 億信男飾現今店面

▲ 億信男飾女老闆與日本社長（攝於民國八十年）

大約從民國 70 年（1981）起，老闆的父親開始親自到日本批貨，兩個禮拜過去一趟，皆是攜帶日幣現金。當時因為定位為中盤商，所以買回來的貨主要是賣給從各地來的商人，甚至遠至花蓮、臺東；但偶而也會賣給散客。另外，也有客人會委託老闆的父親從日本帶電器回來。

▼ 億信男飾現今店面

當時店裡營業的時間很長，每天早上十點開店，到晚上10、11點才關門；過年過節時，委託行的人潮比基隆廟口還要多，什麼貨都有賣，有人單靠走私黑棗就能賺大錢。同時，由於委託行的店家們生意好到沒時間去銀行存現金，二信合作社每天早上十點會派人至各家收現金，大多是幾百萬幾百萬在存的。人流、金流皆匯聚於此，其盛況可見一斑。

可惜，民國89年（2000）以後，因受到金融風暴的影響，委託行逐漸沒落，許多經營者年紀大了，孩子們多數不想接手；又由於常客多數為建設公司的老闆或經理等級，經濟上大多受到極大衝擊，億信男飾的生意也受到不少影響。

▲ 億信男飾興盛時期的資金流動盛況

專售日本男性服飾，以品質取勝

當初老闆父親之所以選擇賣日貨，除了與日本關係密切（子女多留日，甚至女兒嫁去日本）外，主要還是因為日本衣服的尺寸與臺灣人較合，同時品質亦佳。至於只販售男裝的主要原因，則是比起繁複又千變萬化的女裝，男裝相對單純。現今店內，仍以販售日本男裝、西裝和配件為主。

老闆自十八歲起協助父親至日本批貨，十年之中，充分感受到日本服飾界變化的迅速，日本人持續追求進步的積極與努力深深感染了老闆的父親與老闆，這也是老闆至今仍堅持開店的主要動力之一。

日本人做生意十分謹慎，尤其慎選合作夥伴。老闆回憶當年父親去日本批貨時，曾努力尋找合作的工廠，但過程中遇到不少問題，像是臺灣的市場太小，導致日本人沒有很想與之合作，而為了得到日本人的信賴，老闆的父親必須透過朋友介紹，又耗時三、五年，才終於順利取得日本人的認可。此外，日本人還很注重細節，品管很嚴，因此都是一等一的作工細緻，品質十分有保障，「褲子內面接縫處一定是乾乾淨淨的！」老闆邊拿出褲子邊介紹道。

▲ 日本裁縫的細緻與謹慎

設計專業出身、創造更多的可能性

畢業於二信高職、亞東二專的老闆，在求學時期唸的是工業設計，對服飾的設計理念與風格也很有自己的一套想法。高中畢業後便跟著父親到日本批貨，也累積了很多經驗。二十八歲時，自己開設計公司，直到五年前，因為父親過世，才回來委託行接手父親的事業。

接棒後，老闆依舊會定期出國兩、三次進行採購，就算面對疫情無法出國，他也選擇透過網路，讓日本廠商提供商品資料讓他選購。高品質的販售，讓老熟客還是會經常光顧，老闆也懷著時代下難得一見的懷舊風情努力持續地經營著。由於行銷手法得宜，億信男飾，依然在委託行街區繼續發光發熱，創造更多的可能性，甚至吳宗憲等藝人也來光顧，因此，近五、六年的營業額竟能在惡劣的大環境下逆勢成長，達成了不可能的任務！

感受區內魅力，未來充滿契機

說起基隆的著名歷史景點，委託行一定榜上有名。近年來，許多基隆人返鄉至此區創業，慢慢注入不同於過往的面貌和活力。老闆提及，委託行如果想要再創造一個高峰，勢必需要地方政府的協助，也需要透過議員的支持，自己亦會全力配合，為這個社區盡心盡力。

委託行除了需要解決交通與環境問題，衛生的改善也是刻不容緩，必須規劃出能夠排解假日人潮較多時需要廁所的問題，並加以良好的維護管理，才有助於招商。同時，希望政府能設法把磁磚等公共設施改善，該拆除的違建拆除。在此區的居民，大家都希望委託行能夠變得更好，期許更多的人來到基隆時，也能走訪一趟委託行，一同感受區內的魅力，探索這些曾經風光繁華的小店歷史與風情！

民國 111 年 9 月 16 日訪談

▼ 吳老闆的期望——交通便利，環境優雅、店面明亮的委託行街區

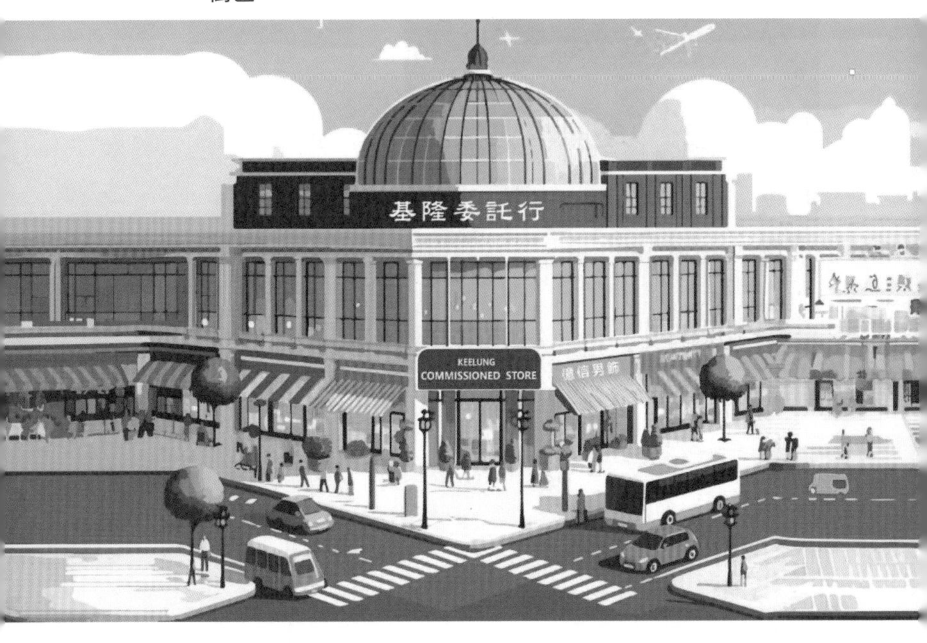

◄▲ 帶領學生一起訪談吳老闆

五 義大利男飾的精品代理商
——建興服飾老闆：邴一德

兩代傳承，用心選購每樣商品

半夜卸貨、白日搶購，父子攜手經營時的盛況

建興服飾，是老闆邴一德與父親共同打造的男飾精品王國。老闆的父親邴鳴崗，年輕時曾做過船務；民國 38 年還是個十七、十八歲的青年時，便由香港來到委託行街區附近擺攤賣船貨。因父親在香港有人脈，任職過的船公司也多做香港線，便委託船上的輪機長或船長及其班底由香港帶貨回來。當時無法用手

提帶貨，只能由船員直接穿在身上再脫下來交貨，船員們大多在半夜卸貨，生活上各式的用品皆有，衣服如：Apple 牛仔褲、蟑螂衣、雷諾傳裡主角穿的針織衫等，還有飾品、酒及水果等。年少時的老闆也要去幫忙點貨，論件計酬。

▲ 建興服飾現今店面

邴老闆回憶道：「那時候，早上九點一開店，貨就幾乎被搶光！」生意好得不得了，而上門的大多是從全省各地湧來的批發商。邴老闆的父親曾是委託行街區的理事長，先前於街區內還有其他房產（在現今的「擇食」附近有二、三棟小店面），對於生意的經營及管理上都很有自己的一套作風，店裡生意的興盛光景維持了很長一段時間，一直到約莫民國 85 年老闆接手後，受到大環境的影響，生意才開始衰退。除了政府開放觀光的因素外，主要是當時股票正好，很多店家把賺來的錢買股票，卻慘賠到倒店，委託行街區的店家因而逐漸減少。

▲ 建興服飾現今店面

義大利的學習經驗，開啟代理歐貨的因緣

邴老闆年輕時期曾到義大利待過一年，向父親好友學習餐廳相關與了解當地人文風情，這段經驗也成為開啟後來批發歐貨的因緣。回國後，先開過小小的pub，後來才接手父親的生意。貨源轉向歐洲，以米蘭為主，品牌為導向，並且憑藉特殊的人脈取得John-Smedley 的代理權，邴老闆得意地說道：「本店是 John-Smedley 在臺唯一的代理商！」其次，羅馬、

英國、西班牙、甚至中國等地區，邴老闆也會去看看，憑藉獨特的眼光，用心選購每樣商品。

民國 70 年代，店裡生意仍極興隆，約有一至兩千萬的資金在流動。邴老闆對於早期在國外採購時的盛況最為難忘，他說:「早期提貨時皆為現金交易，一次採購金額起碼八百萬臺幣，賺取的利潤約 20%左右，途中還會經當地稅務警察盤查。」他通常是透過當地的批發商找到門路，再自行租車來載貨，於當地待一星期左右。其中，去大陸採購的經驗比較特別，每次只能帶三大件、五小件，但也有小賺一些。

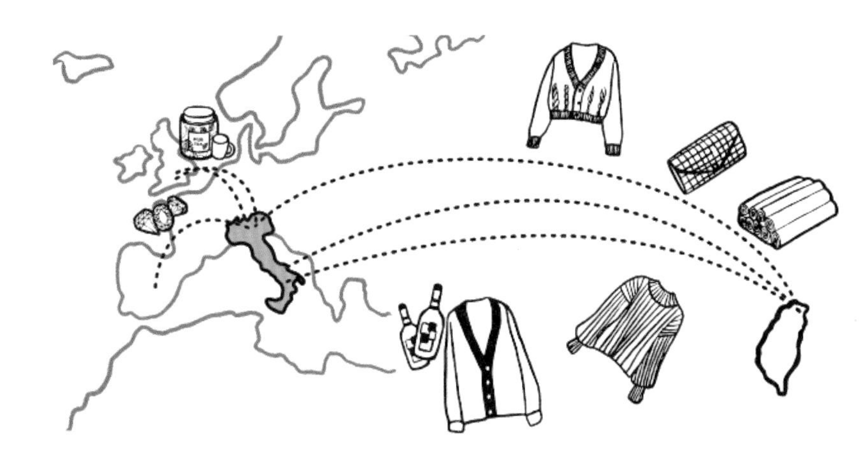

跟著流行走，迎合熟客的喜好

如今，儘管委託行整體情況大不如前，但時尚嗅覺敏銳的邴老闆會觀察現今客群注意的牌子，「流行什麼品牌就進什麼，因為自己進貨自己賣，所以，比較不受大環境的影響！」邴老闆自信地說道。目前仍不斷地進新貨，在兩位姐姐的幫忙下，新貨在本店賣，舊貨在百貨公司的 OUTLET 專櫃出售，因此，相較於委託行街區的其他商家，本店銷售的狀況一直還算不錯。

同時，建興服飾的店面算新，客源極廣，來自臺北、新竹、桃園的皆有，灰色地帶的（如：打電動的、賭場的……）、年輕的也有，已經累積不少熟客，充滿人情味，老闆在選貨時也會針對熟客的喜好方向去挑選。邴老闆比較今昔差異說：「以前進貨會有固定品牌，但現在比較難掌握商品的品牌，市場走向的變化讓廠商著重在商標的註記上。」本店目前代理的品牌，有：MOSCHINO，KARL LAGERFELD，KENZO，HUGO BOSS，TRUSSARDI，VERSACE等，「由於供需的考慮不容易一致，也已經八年沒飛義大利了，目前靠著 mail 往來！」這是邴老闆目前遇到的一個困境。

▲ 來自義大利的多樣服飾

各式各樣的客人，打造出有趣的經營氛圍

做生意時也發生過許多充滿人情味的事，像是熟客會專程從外縣市開車來聊天，有些客人會直接在店面換衣，露出身上滿滿的刺青。而老闆父親是山東人，個性直率，以前做生意的時候，對於問很多問題的客人，會直接叫他不必買了；至於年輕的邴老闆，則是臺語講不好的山東人，曾有一位客人對他說：「只要你說臺語我就買！」真是各式各樣的客人都有啊！

▲邴老闆小時候與父親　▲建興服飾當時店面

設法吸引異國風情的商家入駐：都更與重塑委託行街區形象

回想二十年前與現在，光景已相差太多，現在晚上已經很少人經過。因此，能舉辦活動帶動些許人潮很不錯，但主要仍是招商的問題，選擇招募甚麼類型的商家會影響日後的發展，「異國風」類型的商家比較符合委託行的核心精神，可以用一些優惠方案來吸引商家進駐，希望能把附近商家的空缺補足。

目前擁有委託行房地產的人是否願意租或賣店面是最大問題，因此區域的樓房基本上二樓就是自家人住的地方，較難願意出租一樓店面。若有機會，希望能夠都更，此區域的地形為高地，地質硬度亦適合。此外，附近的矮房子希望可以成立專案改建，街區形象塑造好也能形成招商的一大誘因。假使未來政府或地方有名望人士能夠修建好店面旁的防火巷，安全性及老舊的問題解決後，必能使街區有更可期待的發展！

民國 111 年 11 月 25 日訪談

▼ 邴老闆的期望——充滿異國風情的委託行街區

▲ 帶領學生一起訪談邴老闆

六 崁仔頂的靈魂人物
——崁仔頂聯誼會會長：彭瑞祺

以「誠」待人，眼光精準，
成為「漁行」轉型的先驅

出生漁行家族，從小耳濡目染

彭瑞祺會長出身於漁行家族，這個漁行原本在清朝末年時是貿易商和拍賣商。但隨著時代的演變，民國 75 年左右，它才轉變成單純的漁行，專賣青菓、豆粕、豆油、雜穀、海產等農民產品與海產品。傳到彭會長手中時，已是第四代。

彭會長小時候比較活潑好動，經常在漁行跑進跑出，幫忙送貨。「我那時真的很頑皮，孝一路 33 號有一位貿易商姓楊，總喜歡彈我的耳朵，我氣不過，就會把他的皮鞋拿走，讓他找不到。」彭會長微笑地說。

漁行的生意十分忙碌，從凌晨四、五點到下午六、七點，大致分為三個時段：早上賣生鮮熟魚，主要客源來自臺北市、臺北縣、宜蘭縣；中午賣醃製品及小魚乾，主要客源是南部僱請的採辦人員；下午四、五點開始則賣延繩釣生鮮（來自外木山、澳底、萬里、和平島等海域），主要客源是小賣、中盤商、臺北日本料理店。彭會長回憶他的初中時期：「當時漁獲量極多，每次鼻頭角漁會的運輸船一進港上完貨後，大家都忙著處理大宗漁貨，導致原本的那些貨沒人賣，父親就會叫我來賣。」

▲ 早期彭會長家族的商店招牌

意外投入，成為漁行的糶手

一開始，這間漁行是由彭會長的父親與叔叔共同經營。「我們家族算是書香世家，且與日本有極深的淵源，有七位就讀日本名校，其中三位姑媽在日本唸醫學系，而父親小學畢業後也到日本唸書，大學畢業回臺灣後才開始接下漁行事業。」彭會長表示，民國56年，他十八歲那年，卻因叔叔突然過世，只好毅然決然的投入「義隆漁行」的經營。

▲ 彭會長毅然投入「義隆漁行」的經營

當時，他的姐姐負責記帳，他則為糶手，兩個剛出社會的年輕人，努力地協助漁行事業。聚集人流拍賣的糶手、反應迅速和計算精準的會計、快速分類漁貨的後臺，三者都必須搭配得宜，才能支持整個漁行的運行。「那個時候，義隆漁行要負責販賣七、八艘漁船的漁貨量，壓力很大。我們必須扛著壓力與時間賽跑！」彭會長回憶道。

彭會長還強調，糶手手勢是一門極大的學問，不同店家訓練出來的糶手，手勢都不一樣。像彭會長採取的是日式教法，有：敲頭、飛稱、口罵……等。目前「雨都漫步」有記錄：暗碼、數字變化（如：蘇州花碼）、口音等，「山海工作室」也有相關的紀錄。這些都可以成為觀光的特點。

▲ 彭會長傳授糶手手勢

▲ 糴手運用的特殊符號

軍事教育出生，迅速解決紛爭

民國 52 年（1963）漁會成立的「場外交易取締小組」，問題很多。當漁會進入到漁行後，漁行的貨種和營業額都遠超過漁會，導致漁會常常仗著有政府單位撐腰，便經常欺負漁行。彭會長受日式教育的父親性格溫和，看著漁會後面有政府和黨部支持，擔心有法律問題，往往拿他們束手無策；但彭會長憑著當兵時的勇氣和果斷的態度，不拖泥帶水地直接處理了所有相關問題，且對漁會相關成員提出官商勾結的告訴，很快地順利解決了紛爭。因此，民國 62 年（1973），彭會長的父親放心地將漁行交棒給兒子，自己退居幕後，擔任招待人員。

父親交棒時，特別以「一斤 16 兩的故事」提醒兒子說：「搶人吃要死。」做生意要誠實，不能昧著良心缺斤短兩，做出損人利己的事。強調凡事以「誠」為主，憑自己本事最重要。因此，彭會長始終秉承父訓，堅持著帶人帶「心」的領導理念。至今雖已七十多歲，仍擔任著「崁仔頂聯誼會」理事長，能幫同行們快速地排難解紛，處理突發狀況；因而，會員們也對他依賴甚深，不讓他辭職。

嗅到時代趨勢，成為生鮮專賣的先驅

民國69年（1980），彭會長的小兒子出生。他發現當代人開始強調健康意識，飲食習慣已由重鹽轉為清淡；再加上醃漬品和乾貨的資金回收比較慢，因此，他搶先淘汰對人體高危害的醃漬品和乾貨，改為專賣生鮮。之後不久，傳統市場也跟著逐漸取消醃漬品和小魚乾的販賣，生鮮販賣因此成為主流，而彭會長也成為漁行轉型的先驅者。

相較於以往的貿易型態，此時的漁行，因高速公路開發，雪山隧道開通等交通的便利性，銷售範圍更加擴大、時間更加提早。逐漸地，由原本的一日三市，進而改為二市，再改為一市。通常，晚上十點半就要起床，作出海的準備工作。作息與一般人完全不同。

▲ 彭會長為生鮮專賣的先驅

開啟對外貿易，走在前面讓人追

民國 65 年（1976），多汽缸引擎進入臺灣，漁業往外海伸展，漁區擴大，民國 67 年（1978）後，漁業的快速發展，使得外國資訊獲取方便，可以直接以電話溝通，洞燭機先的彭會長，民國 72 年（1983）就開始將南方澳的黑鮪魚銷至日本；其他店家則是在民國 85 年（1996）日本經濟泡沫化後，才搶著和日本做生意，將九孔、軟絲等外銷到日本。對國外的漁貨貿易，彭會長是走在前面讓人追的，他解釋當時他看到的貿易轉型契機，說：「科技的進步，對漁貨交易的影響非常大，冷凍技術的發展讓製冰速度變快，冰塊的冷度夠、硬度夠、保鮮力強，也就能夠打開對外貿易的大門。」

▲ 全心投入崁仔頂的彭會長

職業認知的落差，是漁行未來發展的隱憂

彭會長認為現今的教育制度大大改變了漁行的環境。人人有大學唸後，學位雖然提高了，職業認知的落差卻也隨之變大。如今老員工退休，在訓練新員工時，常常遇到新鮮人嫌棄薪水少或是不識魚種等問題。

彭會長語重心長地說：「這個行業涵蓋的範圍極廣！從地球科學到氣象學、市場學、行銷學、心理學，再到魚來自哪裡等等的地理知識，都要會。除此之外，還要累積實際經驗，努力觀察跟學習，是一門很大的學問。」

對市場反應速度快，卻對環境的污染束手無策

政府開放觀光後，民眾出國方便，委託行的交易盛況不再；但崁仔頂漁行因為對市場的反應快，從民國 52 年到現今，貿易依然很興盛。

▼ 彭會長對市場反應快，能維持崁仔頂熱絡的漁獲交易

談到未來，彭瑞祺會長期待地說：「最主要是希望政府在海洋資源保護要做好，尤其是彭佳嶼海域的生態保護，那裡有很多的白北仔、小管，以及瀕臨絕種的魚類……。」近年來，因為工業發展快速，導致海水污染，大量的魚絕種，且絕種的魚是不可逆的，要等到海洋生態恢復至少需要五至十年。

對委託行的印象與看法

民國49-50年是委託行生意最好的時候，先是賣船員走私的英國毛料（重慶、四川）、西裝、大衣、羊毛衫；後來轉變成日本的干貝、罐頭（有加工過）、白魷魚，法國的絲絨、歐洲的毛料。彭會長憶起當時住在隔壁31、32號的林先生家裡放了很多白魷魚，小小年紀的彭會長即使偶而從其中一大包偷偷抽一條來吃，也不會被發現。彭會長父親也曾在委託行買一件歐洲毛料的大衣送母親，要價三萬多元，「這個價錢足以讓一般人吃三年了，可見我們漁行當時真的有賺錢喔！」他得意地說道。

民國50幾年韓戰、越戰後，則充斥著美援物資，美國商品與生活雜貨透過委託行進入一般民眾生活。而後開放觀光，因出國方便，委託行貿易便立即下滑。直到蔣經國先生開放兩岸貿易，委託行貿易才稍微有起來一點。由於日本的製造業、紡織工業很厲害，工作精神又極值得學習，彭會長也趁著開放觀光之便到日本取經，他秀出珍藏的日本刀，刀上的浪花作工精緻，值十幾萬日幣，而且要熟客介紹才能買到。

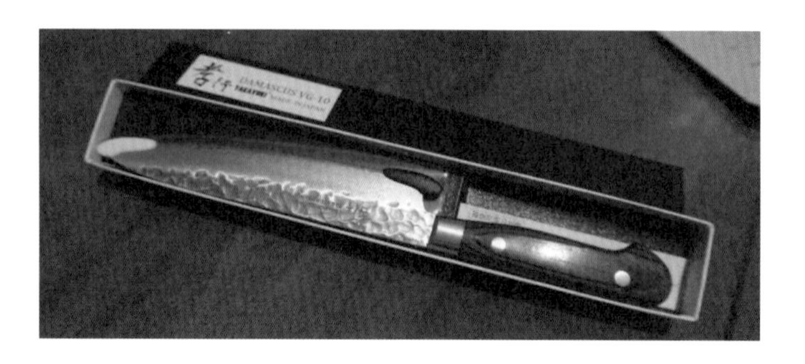

▲ 彭會長珍藏的日本刀

未來委託行可能有什麼樣的轉變？彭會長沉思了一下，說道：「委託行很難跟大百貨公司競爭，除非轉型成像今日日本、韓國那樣的食品業，販售高單價的加工主食（如：干貝）等。還有，像「擇食」等日式料理店所在之處，可以進一步發展成燒烤街或日本料理街。」打造成特色美食區，或許是委託行可以重生的一條出路。

民國 111 年 12 月 9 日訪談

▼ 彭會長的願景——打造委託行特色美食街區

▲ 訪談彭會長

七 夢想起飛、委託行再造的推手
——基隆市議會議長：童子瑋

從委託行出發，
讓基隆成為「好走好玩的觀光城市」

跟著阿公阿嬤，在委託行長大的孩子

童子瑋議長從小就在基隆長大，小時候常常跟阿公阿嬤去慶安宮拜拜，因為家就在仁愛市場附近，出門、回家都會經過委託行跟崁仔頂，阿公阿嬤在回家之

前就會順路帶著他去委託行逛逛。

在議長的記憶中，他的阿公經常會買東西回去送給故鄉萬里的家人，阿嬤會在進口水果攤前挑挑揀揀，而他則是會得到一大包從日本進口的糖果，有：彩虹糖、香菸糖等等。直到現在，阿公還是會去委託行買西裝、剪頭髮，他全身的行頭幾乎都在委託行解決的。

夢想起飛，立志找回委託行的歷史記憶

委託行繁盛時，一整排都是舶來品商店，店員們騎著偉士牌機車載貨，街區十分熱鬧。可惜，隨著解嚴與開放觀光，市場的開放讓舶來品失去競爭力，再

加上路燈不多，環境不乾淨，便逐漸沒落下去。

童子瑋議長不願眼睜睜的看著曾經如此繁榮的委託行沒落，甚至環境變得難以居住。於是他從整理環境慢慢做起，並且在民國 106 年（2017）找了志同道合且對這個地區有共同記憶的人，成立「YesWeCan 夢想起飛協進會」，希望能為委託行找回歷史記憶，再造商圈。

起初，議長與他的團隊在尋求地方居民協助時經常吃閉門羹，原因是住在委託行的長輩們都已退休，加上經濟能力不錯，兒女多飛黃騰達，因此，幫忙的意願都不高。除此之外，環境也是一個棘手的問題，這邊的街道因為設有雨棚的關係，長期以來被當成機車停車場；隔壁魚市場的保麗龍，也被隨意丟棄在這裡；甚至有人在此隨意便溺，隨手扔垃圾。

▼ 民國 106 年（2017）童議長成立 YesWeCan 夢想起飛協進會

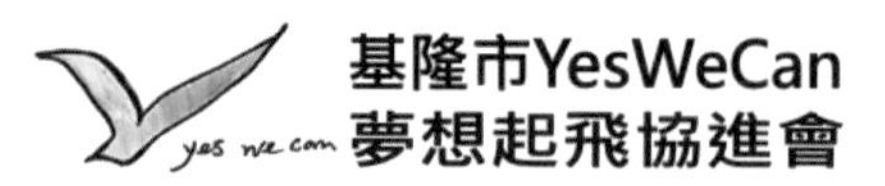

社區營造，從賣人情到凝聚共識

意志力堅強的童議長，不因眼前的小挫折而灰心。他帶領著團隊成員持續致力於委託行的社區營造，首先，靠人情到處拉人辦活動，剛開始居民們的認同度和連結度都很低，直到一年後才漸漸把大家串在一起，凝聚了社區的共識。議長回憶當時努力的情況，說：「民國 107 年（2018）開辦了在地耆老說故事的活動，找來導覽老師述說委託行興起的故事；讓小學生來委託行寫生、寄明信片，想盡辦法讓小朋友理解基隆歷史；也讓在地阿公阿嬤喚起記憶，並且凝聚委託行要乾淨、整齊、不亂丟垃圾的共識。」終於，在大家的努力下，不到一年就變得非常乾淨了。

▲ YesWeCan 夢想起飛協進會致力於委託行社區營造

地方創生元年，積極爭取機會

民國 108 年（2019），是所謂的地方創生元年，行政院定位地方創生為國家安全戰略層級的國家政策，將以人為本，透過地方創生與新創結合，復興地方產業、創造就業人口，促進人口回流。同時，這一年也是童議長的擔任仁愛區議員的第一年，配合行政院的政策，他積極爭取了委託行的路燈改造，解決街道陰暗的問題，也跟賴清德院長談了關於委託行的形象改造計畫，成功爭取到國發會主委的經費 800 萬。其中，雨棚改造參考了日本大阪「心齋橋」的雨棚架構方式，雖然只有局部性的維修，但成功保留了委託行的歷史痕跡。此外，還與基隆市政府產發處共同合作基隆的十大伴手禮。當時，身為議員的童議長，盡心盡力地為地方積極爭取任何可能「復活」的機會。

克服困境，推動招商與合作

當委託行正式進入地方創生的階段後，許多問題與困難便接踵而至。例如招商，其過程就非常地艱

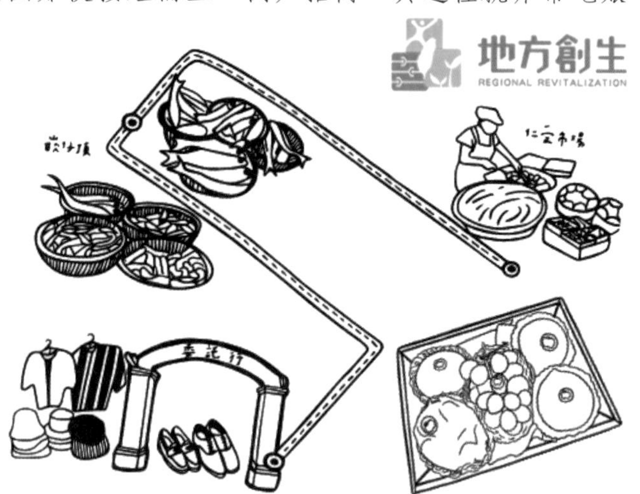

辛，最大的困難是沒有店面可以租，原先的店家老闆年事已高，大多選擇自住，不願釋出店面租或售。在打了很多廣告和辦了很多活動後，雖陸續收到許多人想來委託行開業的訊息，卻因為疫情遲遲沒有辦法成功，或是沒有店面可以租給他們。還有一個困難處，就是政治人物雖可以爭取經費，但需要找人來經營，童議長欣慰地說道：「此時，正好遇見邱孝賢老師，願意出面來經營；同時，也成功地連結了海大的顏智英老師與莊育鯉老師一起努力合作。真的是非常的幸運！！」

▲ 童議長（中）、邱孝賢總經理（中右）與海大顏智英老師、莊育鯉老師的合作

▲ 海洋大學文創設計系為委託行設計提袋

許下承諾，率先讓委託行亮起來

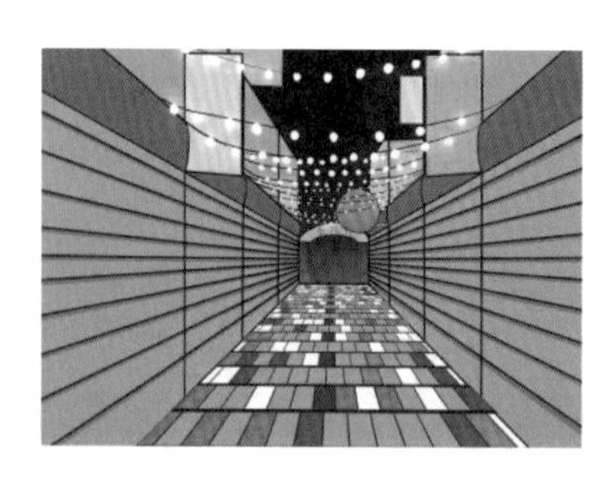

最值得一提的是，在選上議員之後，童議長一反常態，將服務處設在委託行街區裡。議長解釋理由說道：「之前很多人來委託行，都只是進行一次性、短暫性的活動，讓阿公阿嬤們很傷心。但我承諾他們會留在這邊，以宣示對委託行進行地方創生的決心。」因此，他不在大馬路設指標，要讓來拜訪童議長的人可以走進委託行裡面，感受它的氛圍。

▲ 讓委託行亮起來——現今委託行街景

設立步行廊道，
融「歷史、美食、廟宇」文化為一體

去年剛連任仁愛區議員又榮任全國最年輕議長的童子瑋議長，躊躇滿志，關於委託行與基隆的未來，有一個長遠的藍圖。他想以歷史文化底蘊深厚的「委託行」為中心點，帶動整個商圈再造，把仁愛區經營成一個融合「歷史、美食、廟宇」三種文化體驗的商圈。「魚市場」的改善，則以日本為鑑，參考東京築地和大阪黑門市場，以乾淨、美食體驗為號召。至於「旭川河」，則致力於河川整治、污水處理，並拆除上面的舊大樓以再現這條日本人開闢的人工運河，從而將之打造成一條擁有水岸綠蔭的歷史觀光廊道。未來，不同的族群，從基隆港或未來的基隆捷運進入基隆市後，都可以直接用步行的方式，體驗基隆的歷史、美食、廟宇文化。透過步道，串連整個商圈跟文化，讓基隆成為一個「好走好玩的逛街城、商業城」。

現今商品大多可以透過網路購買，因此，不能再以商品作為吸引遊客的標的，基隆必須轉型成「文化體驗」的城市，創造更多青年文創轉型的空間，並帶動周邊美食的魅力與風潮，藉以吸引人們來此走走看看。童議長語重心長地說道：「基隆是衛星城市，容易被邊緣化。因此，要創造不同面向的價值，才能讓整個基隆市恢復往日的繁榮！」文化體驗，便是最好的出路。

民國 112 年 2 月 17 日訪談

▼ 童議長的願景——融「歷史、美食、廟宇」為一體的仁愛商圈

▲ 與委託行同仁、學生一起至基隆市議會訪談童議長

隨手札記

國家圖書館出版品預行編目資料

造夢者：基隆委託行的繁華紀事 / 顏智英,莊育鯉, 邱孝賢編著. -- 初版. -- 臺北市：萬卷樓圖書股份有限公司,2024.04
面； 公分
ISBN 978-626-386-086-5(平裝)
1.CST: 委託行 2.CST: 訪談
3.CST: 歷史 4.CST: 基隆市
498.4 113004425

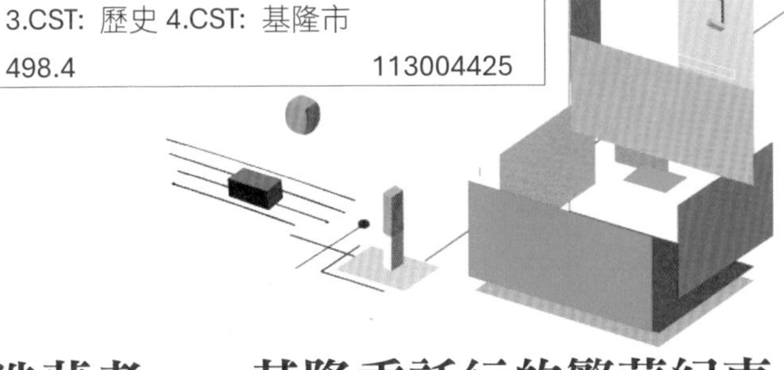

造夢者——基隆委託行的繁華紀事

編 著 顏智英
莊育鯉
邱孝賢
責任編輯 林以邠
發 行 人 林慶彰
總 經 理 梁錦興
總 編 輯 張晏瑞
編 輯 所
萬卷樓圖書股份有限公司

發 行
萬卷樓圖書股份有限公司
臺北市羅斯福路二段 41 號 6 樓之 3
電話 (02)23216565
傳真 (02)23218698

ISBN 978-626-386-086-5
2024 年 4 月初版一刷
定價：新臺幣 280 元

網路購書，請透過萬卷樓網站
網址 www.wanjuan.com.tw

大量購書，請直接聯繫我們，
將有專人為您服務。
客服：(02)23216565 分機610

如有缺頁、破損或裝訂錯誤，
請寄回更換